饭来了系列

好想为你做甜点

饭主播教你用冰箱做美味小食

饭主播◎著

知名主持人、作家、美食家，央视、
湖南卫视 、吉林卫视等多档电视节目嘉宾

机械工业出版社
CHINA MACHINE PRESS

本书从简单的布丁、奶昔到慕斯蛋糕，再到乳酪，介绍了多款甜点的制作方法。作者对每一款甜品都费尽心思去简化制作步骤、精准配方比例，目的是为了让读者在简单当中得到快乐。

图书在版编目（CIP）数据

好想为你做甜点：饭主播教你用冰箱做美味小食／饭主播著.
—北京：机械工业出版社，2015.7
（饭来了系列）
ISBN 978-7-111-52356-7

Ⅰ.①好… Ⅱ.①饭… Ⅲ.①甜食—制作 Ⅳ.①TS972.134

中国版本图书馆 CIP 数据核字（2015）第 301107 号

机械工业出版社（北京市百万庄大街 22 号 邮政编码 100037）
责任编辑：陈逍雨　　　版式设计：张文贵
责任校对：聂美琴
责任印制：李　洋
北京汇林印务有限公司印刷

2016 年 2 月第 1 版·第 1 次印刷
169mm×239mm·8.25 印张·51 千字
标准书号：ISBN 978-7-111-52356-7
定价：35.00 元

凡购本书，如有缺页、倒页、脱页，由本社发行部调换

电话服务
服务咨询热线：（010）88361066
读者购书热线：（010）68326294
（010）88379203

网络服务
机 工 官 网：www.cmpbook.com
机 工 官 博：weibo.com/cmp1952
教育服务网：www.cmpedu.com
金 书 网：www.golden-book.com

封面无防伪标均为盗版

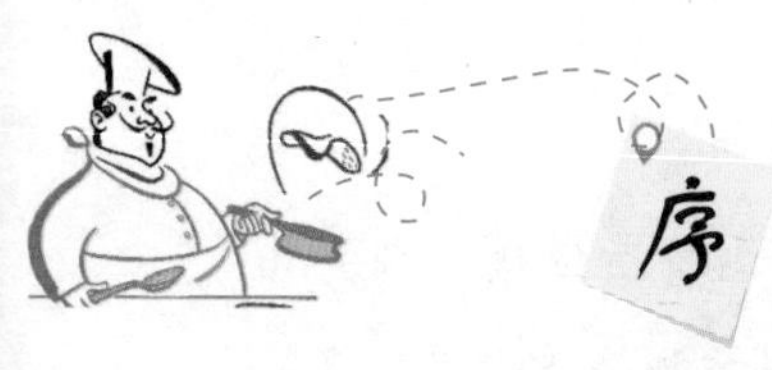

序

或许每个人的心中都有一段关于奶瓶的记忆吧，温暖地握在手中，感觉整个世界都是美好的。那是童年的感觉，也是我心中永远不会被占据的一片净土。长大后，我固执地选择订购玻璃瓶装的牛奶，每天从奶箱取回牛奶，握在手里，一切好似未曾改变——我一会儿还要去上学，奶奶已经做好了早饭在等我。

当家里的奶瓶越来越多的时候，我开始犯愁，那种感觉是舍不得，可又留不住。有一次，我将做好的牛奶布丁装入闲置的牛奶瓶中，送到朋友的手里时，我看到了她双眸中的惊喜与湿润。我想，她应该和我一样，感觉很甜蜜吧。

于是从布丁到奶昔，慕斯到乳酪，在这些外表“冷漠”却能温暖人心的甜品中，我沉沦得无可救药。但是我必须得承认，如果不是那些闲置的牛奶瓶，我不会做到这些，只是我还得要感谢另外一个重要的小伙伴：冰箱。

对，没错，就是你每天都要亲密接触很多次的“家庭成员”，冰箱。无论是简单到没技术含量的布丁，还是略有难度的乳酪第五大道，你都离不开它。一锅温热的面糊，灌模后放入冰箱，或冷藏，或冷冻，接下来你所需要做的就是见证奇迹的发生：那些酒店里的慕斯、乳酪，全部呈现在你面前。

在本书中，从简单的布丁、奶昔到慕斯蛋糕，再到乳酪，我做了近80款甜点。每一款甜品我都费尽心思去简化步骤、精准配方比例，就是为了让读者在简单当中得到快乐。这不一定是一本最优秀的甜品书，但是它一定是作者最用心的一本。因为它在操作当中超乎想象地简单，能让读者获得前所未有的乐趣，就像儿时手中的那瓶牛奶，握着没什么，可就是不愿意放手。

饭主播

目 录

第四章　其他可用冰箱制作的甜品 / 107

第一章

甜品的制作工具与技巧

1. 甜品制作中的基础工具

冰箱冷冻或者冷藏出来的甜品相对于烤箱烘焙出的甜品就要简单得多。只要按照配方精准地备料，正确地掌握冷藏与冷冻的方式和时间，美味的甜品就会出现。所以冰箱甜点制作所涉及的工具也不会太多，下面为大家介绍一些基本工具的功能以及使用技巧。

在《好想为你做烘焙》《好想为你做面包》两本书中，我曾提到烘焙模具在烘焙中的作用相当于一把手枪里的子弹，是必不可少的合作伙伴。利用冰箱做西式甜点，模具的选购和使用依然是最值得关注的问题。目前市场上在售的西点烘焙模具也是五花八门，质量更是良莠不齐。挑选模具既不能贪图便宜，也并非越贵越好，选择一个价格合理的放心品牌足以满足日常烘焙需求。在我心中好的烘焙模具品牌要符合以下几点要求：企业具有一定的实力和规模，这是烘焙模具质量保证的前提；其所生产的模具类型必须满足多种制作需求；价格合理、外貌出众。如果说质量是基础，那外形出众便是锦上添花。本书中所用的模具及工具基本都是风和日丽的法焙客系列，它在质量、价格、品种功能等方面基本满足我在西点制作方面的需求，供大家参考。

电磁炉、平底锅

电磁炉和平底锅这对黄金搭档在冰箱甜品制作中的地位相当于烤箱在烘焙中的位置，可见其地位之高。因为慕斯、乳酪类甜品的馅料需要使用电磁炉和平底锅来加热、熬煮。当然你也可以用平底锅在瓦斯炉上进行加热、只是没有电磁炉方便，随时随地，不受限制。

玻璃碗

用来打蛋和打发奶油以及泡吉利丁等材料所用到的玻璃碗应该分大小多准备几个，大的用来打发、搅拌，小的玻璃碗可以用来装各种原料。

烤箱

烤箱是烘焙的基础，但是在制作冰箱甜点的过程中，烤箱起到的作用就是烘烤戚风蛋糕底。而日常家中所使用的微波炉和烤箱不能相提并论，具有烘烤功能的微波炉也不能替代烤箱，因为两者加热原理完全不一样。

圆形、方形慕斯模

慕斯模具的造型有很多种，但用到最多的就是方形、圆形切模。装好慕斯糊的模具在冰箱中冷藏成型后脱模，就可以随意造型慕斯甜点了。你可以根据自己的需求和喜好，选择慕斯模具的大小以及外观。

厨房电子秤

相对于中餐的材料搭配的随意性，甜品制作尤为讲究各配料之间的比例，一点差池就足以毁掉你精心制作的甜品，所以一个厨房电子秤是必备的。同时针对牛奶等液体配料，我们也可以准备一套4把的量勺，一般一小勺=5毫升　一大勺=15毫升。

裱花转台

当我们进行乳酪、慕斯或者其他蛋糕裱花的时候就会用到这款模具。将慕斯、乳酪蛋糕平放在转台上，淡奶油的抹平以及后期裱花装饰工作都靠它。

蛋糕抹刀

裱花蛋糕制作时，需要抹刀来抹平蛋糕上的淡奶油。

刀具

烘焙中需要的刀具种类大致可以分为以下几种：细锯齿刀一般用来切慕斯、乳酪蛋糕，粗锯齿刀用来切吐司。不管是用来涂抹奶油和果酱的抹刀，还是用来分割面团的中片刀，它们都在不同的场合发挥不同的重要作用，大家可以根据自己的需求购买。考虑质量问题，我建议大家选择大一点的品牌。

裱花袋、裱花嘴

慕斯、乳酪蛋糕裱花都需要用它们来挤面糊。可以根据自己的喜好和需求选择不同花型的裱花嘴，如菊花性、十字形等。裱花袋也有粗布与塑料多种材料。

橡皮刮刀

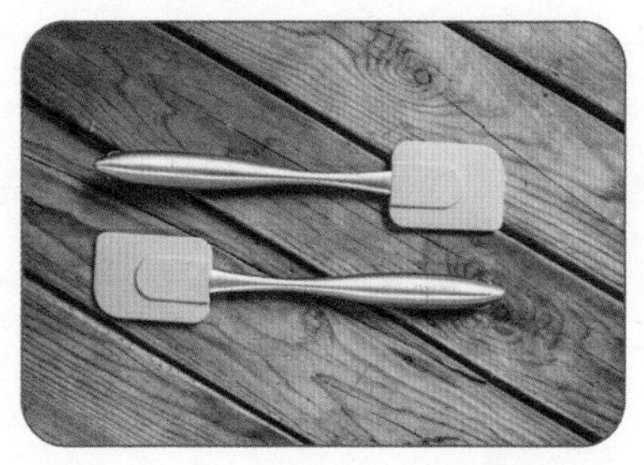

搅拌各类慕斯、乳酪面糊所用到的橡皮刮刀因为是软性材质，所以搅拌面糊时可以紧紧贴在碗壁上，把附在上面的面糊刮得很干净。

手动打蛋器、电动打蛋器

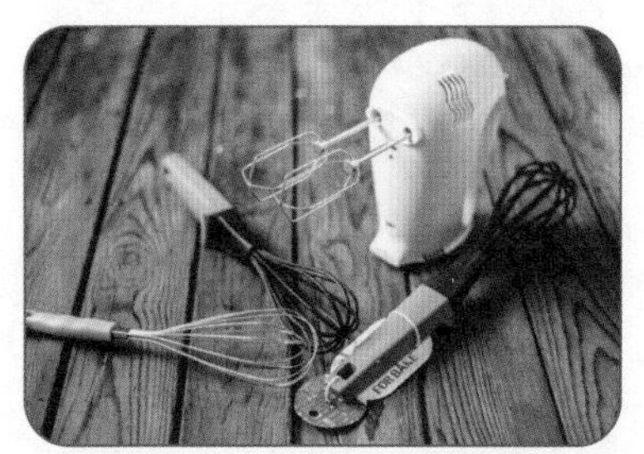

打发黄油、鸡蛋、淡奶油等原料或者一些湿性原料混合物时都会用到打蛋器。电动打蛋器省时省力，可以轻松将全蛋、奶油打发至理想状态。但是少量黄油或者简单混合搅拌工作，我们更需要用手动打蛋器来操作。

面粉筛

过筛后的面粉不仅可以去掉多余杂质，也会让面粉更加蓬松，利于后期搅拌。而当面粉、可可粉、小苏打等多种粉类原料混合在一起时，用面粉筛过筛一下，有助于它们混合均匀。

2. 冰箱制作甜品的技巧

○ 甜点中关于冷冻和冷藏的区分

布丁类产品在成型过程中不可温度过低，如果温度过低会让其内部组织变得粗糙，口感不细腻，还会有出水问题，因此这一类需要放入冷藏室。慕斯、乳酪类必须放入冷冻室成型，以便达到一定硬度以便于刀切和造型。

○ 慕斯、乳酪类产品脱模小技巧

冷冻后的慕斯、乳酪类产品与模具的粘贴性比较强，脱模前用电吹风沿着模具四周用暖风吹10秒左右，让模具外层温度略有升高后再脱模，会比较容易！

○ 慕斯、乳酪切块的技巧

脱模后的慕斯、乳酪类产品比较硬，可以在室内常温下放置1分钟，用开水滚过或者用热毛巾擦一下刀具再切，这样切出来的慕斯、乳酪四周比较光滑。

第二章 慕斯类甜品

步骤

慕斯类甜品的基础“垫脚石”——戚风蛋糕

作为慕斯类甜品“垫脚石”的戚风蛋糕在慕斯类甜品中扮演的角色是无可替代的。我们在餐厅里吃到的慕斯切块，底部都会有一层软软的海绵体蛋糕，这就是戚风蛋糕切片。在各种慕斯制作前，我们需要烤一份圆形的戚风蛋糕坯，然后根据自己的需求进行切模。

参考数量：一个10寸。

配料：低筋面粉90克、玉米粉15克、橙汁70克、色拉油70克、蛋清223克、蛋黄110克、泡打粉2克、塔塔粉2克、细糖110克、盐1克。

烘培：上下火，160℃，30分钟。

1. 将色拉油、橙汁、盐混合均匀后再加入过筛的玉米粉、低筋面粉、泡打粉搅拌均匀。

2. 将蛋黄加入并搅拌均匀备用。

3. 将蛋清、糖、塔塔粉打发至鸡尾状。

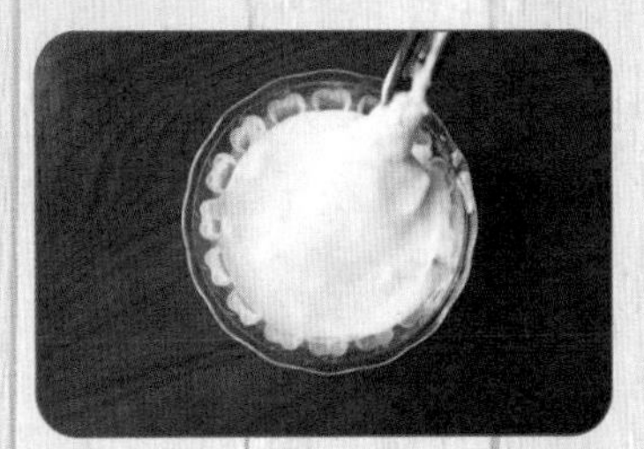

4. 将步骤2准备好的材料加入步骤3的材料中，搅拌均匀即可。

5. 灌模。将烤箱置于160℃预热5分钟，上下火，160℃，烘烤30分钟左右出炉。

美味Tips

（1）我们一般把戚风蛋糕坯切成厚度为3厘米的蛋糕片来做慕斯底，然后可以根据慕斯甜品的大小和形状再做修整。

（2）有一些慕斯类甜品也会使用巧克力戚风蛋糕底，它的制作和原味戚风蛋糕操作程序是一样的，只要将原配方中的低筋面粉减去20克，换成20克可可粉即可。

1. 草莓慕斯

配料：新鲜草莓果酱130克、淡奶油300克、细糖15克、吉利丁8克、君度酒6克、新鲜草莓8颗、8寸方形戚风蛋糕片1片（厚度约3厘米）。

8寸方形模具1个。

步骤

1. 草莓果酱隔水加热，放入细糖、吉利丁、君度酒，充分搅拌均匀呈糊状。

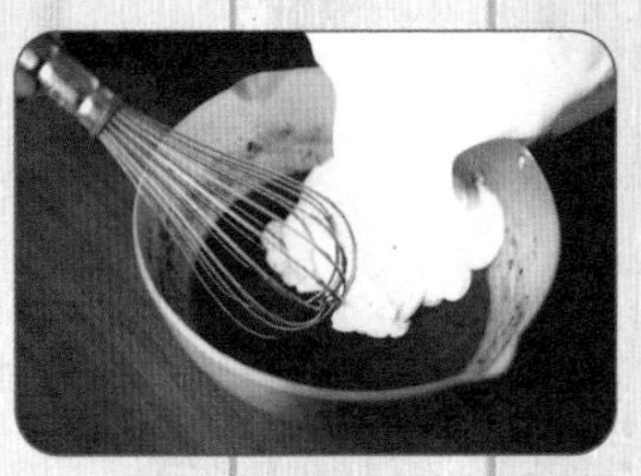

2. 等草莓糊冷却到常温状后加入打发好的淡奶油搅拌均匀备用。

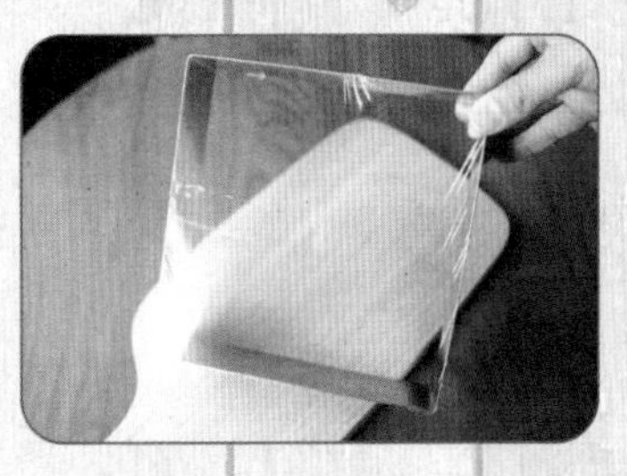

3. 准备一个8寸方形模具，底部用保鲜膜封住。

4. 将草莓慕斯馅倒入模具中并用橡皮刮刀将表面抹平。

5. 将准备好的戚风蛋糕片平铺在草莓慕斯馅上，并用手轻轻按压直至平整。将做好的草莓慕斯放入冰箱冷冻5小时以上，直到慕斯完全凝固即可取出造型食用。

美味Tips

慕斯馅倒入模具后立即用橡皮刮刀轻轻拍表层，这样慕斯底部才会比较紧实。

上述步骤2中的草莓糊冷却到常温状态是指25℃左右，温度过高会使淡奶油分离发泡影响口感；温度过低则会让草莓糊出现凝固，影响搅拌效果。

2. 蓝莓慕斯

配料：牛奶150克、蛋黄液30克、细糖20克、蓝莓酱100克、吉利丁7克、淡奶油300克、白兰地10克、8英寸圆形巧克力戚风蛋糕1片（厚度约3厘米）。

8英寸圆形模具1个。

步骤

1. 细糖倒入蛋黄液里搅拌均匀备用。

2. 将牛奶煮沸，并与步骤1的材料混合均匀。

3. 将混合物水浴加热。

4. 加入吉利丁、蓝莓酱、白兰地，搅拌均匀，放置常温状态。

5. 将打发好的淡奶油倒入，搅拌均匀即可（搅拌时不可幅度过大）。

6. 准备一个8寸圆形模具，在底部用保鲜膜封住。

7. 将蓝莓慕斯馅倒入模具中并用橡皮刮刀将表面抹平。

8. 将准备好的巧克力戚风蛋糕片平铺在蓝莓慕斯馅上，并用手轻轻按压直至平整。将做好的蓝莓慕斯放入冰箱冷冻5小时以上，直到慕斯完全凝固即可脱模食用。

美味Tips

可将蓝莓酱替换为覆盆子酱，白兰地酒替换为君度酒来制作覆盆子慕斯，作法相同。

覆盆子慕斯配料：

覆盆子果泥或者果酱70g，淡奶油150g，细糖45g，吉利丁8g，君度酒10g，蛋黄50g，牛奶135g，戚风蛋糕片1小片（厚度约3厘米）。

3. 芒果慕斯

参考数量：8块。

配料：新鲜芒果泥100克、淡奶油280克、细糖70克、吉利丁8克、君度酒12克、蛋黄30克、新鲜芒果半颗、牛奶60克、戚风蛋糕片1小片（厚度约3厘米）。

长方形模具8个（大小：7厘米×5厘米）。

步骤

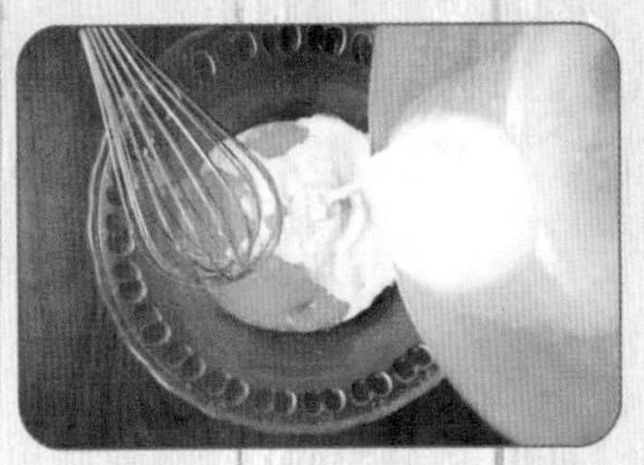

1. 将蛋黄中加入细糖，搅拌均匀。牛奶加热后冲入蛋黄细糖混合物。

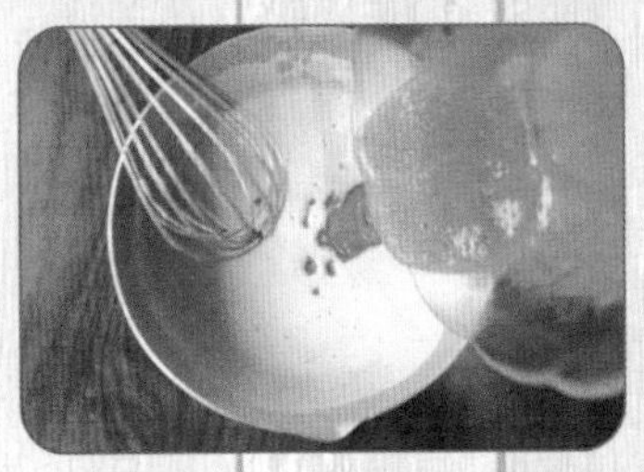

2. 加入吉利丁，搅拌至溶解。再加入料理机榨出的新鲜芒果泥搅拌均匀。

3. 加入君度酒，搅拌均匀。

4. 慕斯馅冷却到常温状后加入打发好的淡奶油，用橡皮刮刀搅拌均匀。

5. 将芒果慕斯馅倒入含有戚风蛋糕体的模具中并轻轻拍打表面让其平整（戚风蛋糕片压模详细步骤见后）。将做好的芒果慕斯放入冰箱冷冻5小时以上，直到慕斯完全凝固即可取出食用。

○ 戚风蛋糕片压模步骤：

1. 将戚风蛋糕片用保鲜膜封好放入冰箱冷冻1小时后取出。

2. 用模具平放在蛋糕上垂直向下用力按压取出即可。

芒果泥可以用新鲜芒果去皮后用料理机榨成，也可在市场购买浓缩成品替代。

4. 咖啡慕斯

配料：牛奶150克、蛋黄液60克、细糖45克、吉利丁8克（冷水泡软备用）、淡奶油300克（淡奶油打发至五成发备用）、咖啡酒16克、黑咖啡粉6克+开水10克泡制的浓咖啡、8寸方形巧克力戚风蛋糕1片（厚度约3厘米）、巧克力豆若干。

8寸方形模具1个。

步骤

1. 细糖倒入蛋黄液里搅拌均匀。牛奶煮沸倒入蛋液中快速搅拌均匀（一边搅拌一边倒入，防止蛋液被高温牛奶烫熟）。

2. 加入吉利丁、浓咖啡、咖啡酒，搅拌均匀。

3. 将打发好的淡奶油倒入，搅拌均匀即可（淡奶油分两次倒入，搅拌时不可幅度过大）。

4. 在搅拌后的慕斯中可适当加入一点巧克力豆增加风味。

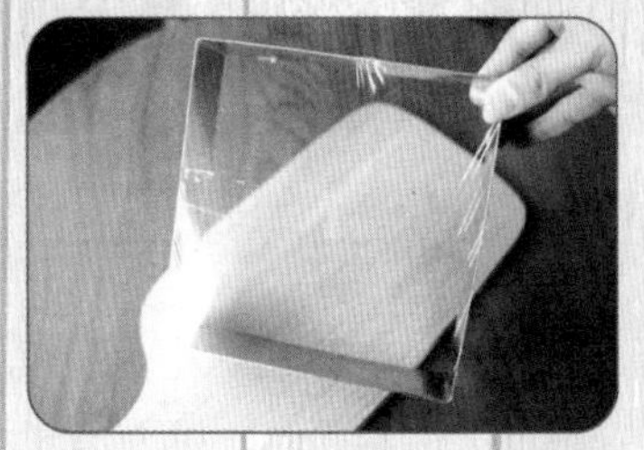

5. 准备一个8寸方形（或者圆形）模具，在底部用保鲜膜封住，将咖啡慕斯倒入模具中并用橡皮刮刀将表面抹平。

6. 将准备好的巧克力戚风蛋糕片平铺在咖啡慕斯上，并用手轻轻按压直至平整。将做好的咖啡慕斯放入冰箱冷冻5小时以上，直到慕斯完全凝固即可取出脱模食用。

咖啡慕斯中的咖啡选用超市能买到的黑咖啡，然后加开水冲调即可，不需添加任何咖啡伴侣。

慕斯搅拌好后可以加入一些巧克力豆进去，这样不仅使甜点的味道更好，也能使其外形更漂亮。

5. 鸡尾果慕斯杯

参考数量：2杯。

配料：酸奶120克、吉利丁8克、淡奶油200克、细糖50克、新鲜柠檬汁10克、腌制的新鲜水果（见本节"美味Tips"）。

步骤

1. 酸奶、细糖、吉利丁混合倒入锅中，隔温水使其熔化均匀无颗粒状（水温50℃即可）。

2. 打发好的淡奶油分两次倒入，搅拌均匀。

3. 加入新鲜柠檬汁，搅拌均匀。

4. 将慕斯馅装入裱花袋，在底部剪一小孔备用。

5. 将腌制好的水果按照自己的喜好铺在杯底。

6. 用裱花袋将慕斯馅轻轻挤在水果上层。然后可根据自己的喜好将剩下的水果放在顶部装饰。

鸡尾果的腌制：蓝莓 5 颗、黑樱桃 5 颗、君度酒 10 克（也可用白兰地代替）、白糖 30 克。

1. 将蓝莓、草莓、黑樱桃等洗干净放入碗中（大草莓可切成小块）。

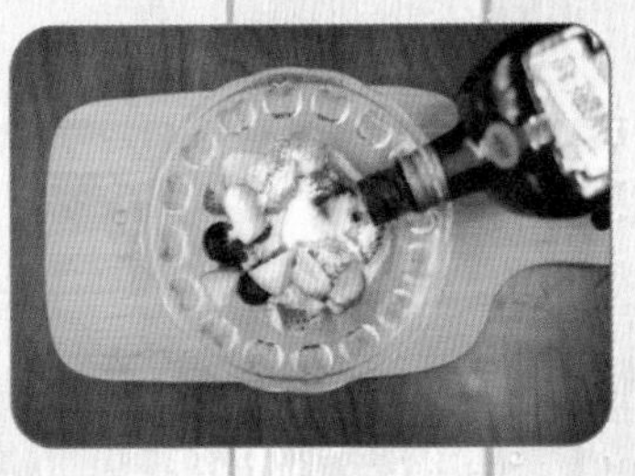

2. 在水果中倒入白糖、君度酒，搅拌均匀，盖上保鲜膜，放入冰箱冷藏腌制 1 小时。

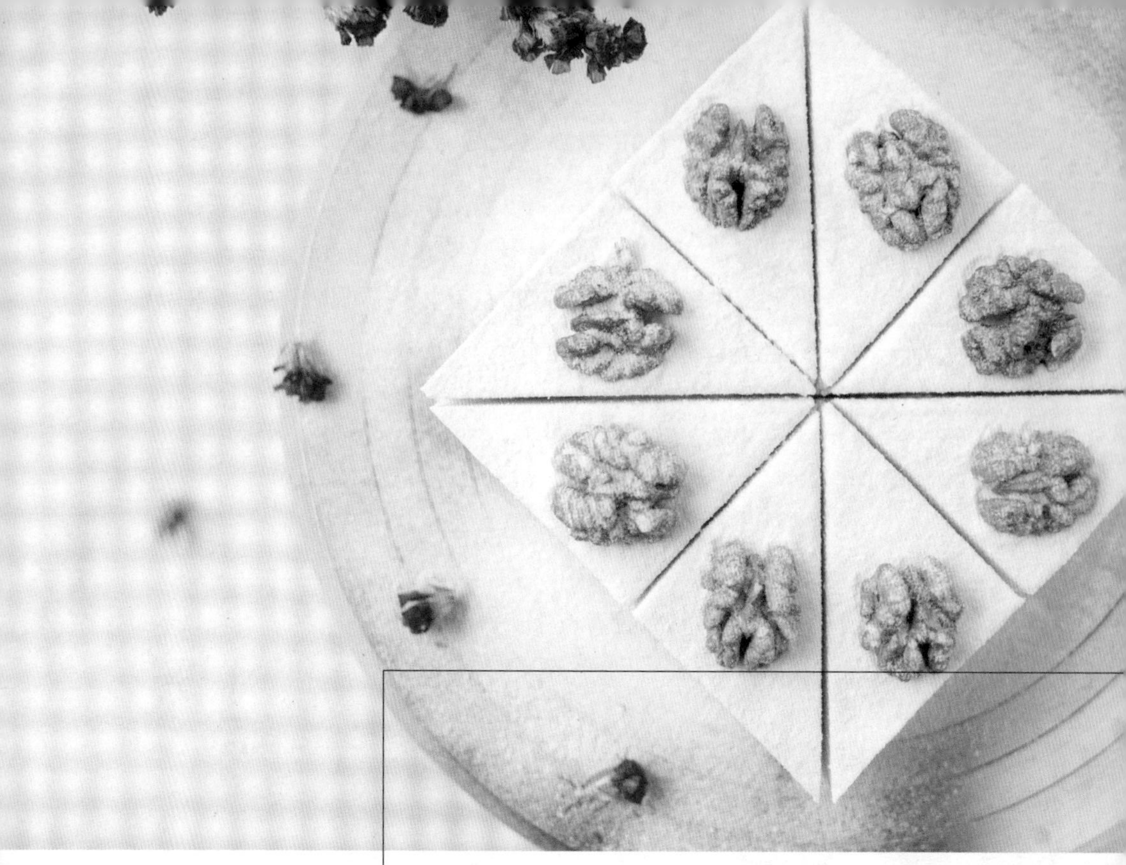

6. 香草慕斯

配料：牛奶80克、酸奶50克、香草精3克、柠檬皮1个、细糖30克、吉利丁8克(吉利丁片用冷水泡软备用)、淡奶油200克(淡奶油打发至五成发备用)、8寸方形戚风蛋糕片1片(厚度约3厘米)。

8寸方形模具1个。

步骤

1. 牛奶中加入香草精、细糖煮沸，加入吉利丁，搅匀。

2. 冷却至常温，加入酸奶和削好的柠檬皮，搅拌均匀。

3. 再加入淡奶油，搅拌均匀。

4. 准备一个8寸方形模具，在底部用保鲜膜封住。

5. 将香草慕斯馅倒入模具中并用橡皮刮刀将表面抹平。

6. 将准备好的戚风蛋糕片平铺在香草慕斯馅上，并用手轻轻按压直至平整。将做好的香草慕斯放入冰箱冷冻5小时以上，直到慕斯完全凝固即可取出脱模食用。

香橙慕斯的作法与香草慕斯大体相同，将酸奶和柠檬皮替换为腌好的香橙肉，牛奶中也别忘加君度酒和蛋黄哦！

香橙慕斯配料：

新鲜橙子2个、淡奶油150克、细糖30克、吉利丁8克、君度酒5克、蛋黄35克、牛奶95克、戚风蛋糕片1片（厚度约3厘米）。

鲜橙腌制方法：

（1）将鲜橙去皮取出果肉（呈颗粒状）

（2）往果肉中加入50克纯净水、10克君度酒、20克细砂糖，搅拌均匀。

（3）用保鲜膜封住，放入冰箱冷藏腌制1小时即可。

7. 酸奶慕斯

参考数量：6块。

配料：酸奶200克、乳酪50克、牛奶60克、细糖70克、吉利丁10克、君度酒5克、淡奶油100克、新鲜草莓5颗、戚风蛋糕片1小片（厚度约3厘米）。

小形模具6个。

步骤

1. 乳酪和细糖放入盆中，隔水加热至细糖完全熔化。

2. 加入吉利丁、牛奶、酸奶、君度酒及打发好的淡奶油搅拌均匀。

3. 用模具在戚风蛋糕片上压模，戚风蛋糕片放于模具底部。

4. 在模具中添加一些切好的新鲜草莓颗粒。

5. 灌上酸奶慕斯，九分满，并用刮刀刮平。

6. 将做好的酸奶慕斯放入冰箱冷冻5小时以上，直到慕斯完全凝固即可取出食用。

制作慕斯时只要是采用小型模具的，一般建议用裱花袋来灌慕斯，这样更加均匀且操作方便。

8. 榛子巧克力慕斯

参考数量：8块。

配料：蛋黄65克、纯净水34克、麦芽糖12克、榛子巧克力150克、细糖30克、吉利丁8克（吉利丁片用冷水泡软备用）、淡奶油180克、巧克力蛋糕片1小片（厚度约3厘米）。

长方形硅胶模具1个。

步骤

1. 蛋黄中加入细糖，搅拌均匀。

2. 将纯净水烧沸，加入步骤1的混合物中搅拌均匀，打至浓稠，加入泡软的吉利丁并搅拌至溶解。

3. 加入麦芽糖，搅拌均匀。

4. 将隔水化开的榛子巧克力加入其中，搅拌均匀。

5. 冷却至常温后，加入打发至五成发的淡奶油，搅拌均匀。

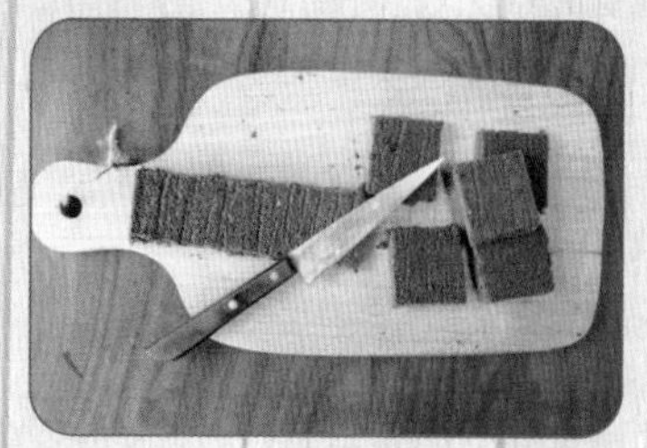

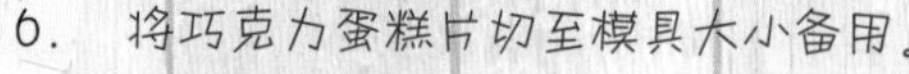

6. 将巧克力蛋糕片切至模具大小备用。

7. 用一次性裱花袋装入慕斯馅挤入模具中，八分满即可。

8. 将巧克力蛋糕片盖入模具中，放入冰箱冷冻5小时以上，直到慕斯完全凝固即可脱模食用。

配方中的淡奶油在使用以前一定要打发至五成发，五成打发的效果大致是表面出现鸡尾状。

9. 百香果慕斯

参考数量：8块。

配料：百香果汁60克、纯净水70克、细糖20克、蛋黄液20克、吉利丁8克（吉利丁片用冷水泡软备用）、白兰地15克、淡奶油115克（淡奶油打发至五成发备用）、戚风蛋糕片1小片（厚度约3厘米）。

圆形模具8个。

步骤

1. 将细糖加入蛋黄中搅拌均匀备用。

2. 将纯净水倒入百香果汁中煮沸。

3. 加入吉利丁搅拌均匀。

4. 加入白兰地，煮沸。

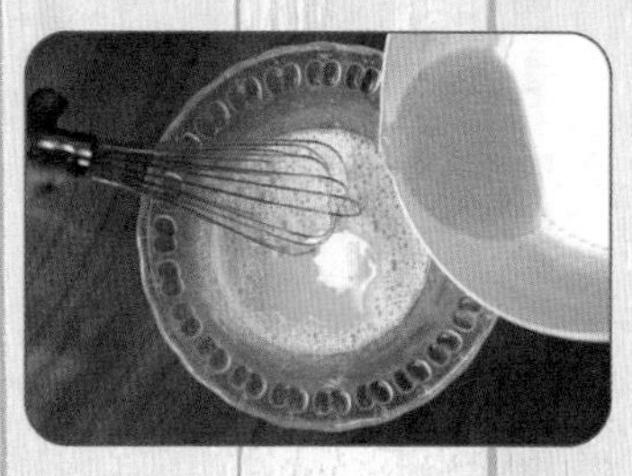

5. 将步骤4的液体冲入到备用的细糖蛋黄液中。

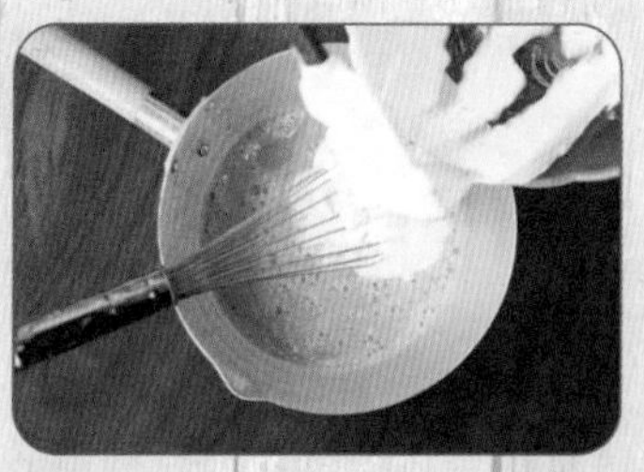

6. 将淡奶油加入到步骤5的混合液里，搅拌均匀即可。

7. 用圆形模具从戚风蛋糕片正上方往下压模，得到小圆形戚风蛋糕片，放入模具底部。

8. 将慕斯馅灌入到模具中，九分满，然后将做好的慕斯放入冰箱冷冻5小时以上，直到慕斯完全凝固即可取出脱模食用。

戚风蛋糕压模方法：

（1）将戚风蛋糕片用保鲜膜封好放入冰箱冷冻1小时。

（2）取出冷冻过的戚风蛋糕去掉保鲜膜平铺在案板上。

（3）用模具平放在蛋糕上垂直向下用力按压取出即可。

10. 黑樱桃慕斯

参考数量：8块。

配料：蛋黄45克、细糖60克、牛奶50克、吉利丁8克（吉利丁片用冷水泡软备用）、柠檬汁5克、淡奶油130克（淡奶油打发至五成发备用）、酒制黑樱桃160克、巧克力蛋糕底1个（厚度约3厘米）。

8寸圆形模具1个。

步骤

1. 蛋黄中加入细糖，搅拌均匀。再将牛奶煮沸冲入蛋黄细糖混合物中，搅拌至浓稠。

2. 加入吉利丁、柠檬汁、淡奶油，搅拌均匀。

3. 取一块8寸圆形戚风蛋糕底平铺在模具底部。

4. 将慕斯馅灌入到模具中五分满，再摆满黑樱桃，再将模具灌满。

5. 将做好的慕斯放入冰箱冷冻5小时以上，直到慕斯完全凝固即可取出脱模食用。

美味Tips

酒制黑樱桃：将100克黑樱桃中放入50克细糖和10克白兰地拌匀，冷藏1小时即可。

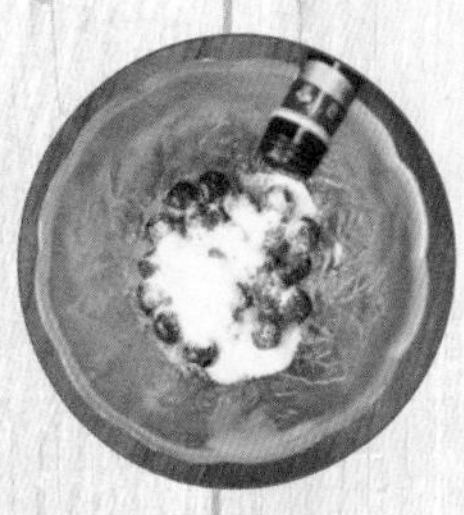

11. 焦糖慕斯

参考数量：5块。

配料：牛奶50克、细糖30克、蛋黄液15克、吉利丁8克（吉利丁片用冷水泡软备用）、淡奶油100克（淡奶油打发至五成发备用）、焦糖60克、8寸巧克力蛋糕底1个（厚度约3厘米）。

椭圆形模具5个。

步骤

1. 蛋黄中加入细糖，搅拌均匀。再将牛奶煮沸冲入蛋黄细糖混合物中，搅拌至浓稠。

2. 加入吉利丁、焦糖、淡奶油，搅拌均匀。

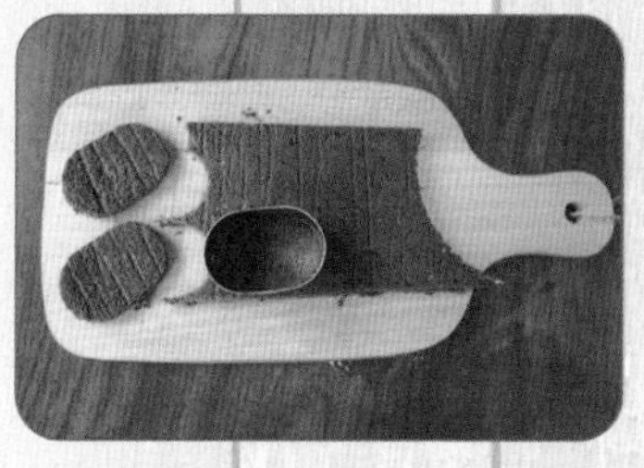

3. 压模（详细压模方法见本章第3节“芒果慕斯”）。

4. 将慕斯馅灌入到模具中，灌满后将做好的慕斯放入冰箱冷冻5小时以上，直到慕斯完全凝固即可取出食用。

美味Tips

焦糖熬制：

30 克淡奶油煮沸备用，2 克吉利丁泡软备用。

1. 将 50 克细糖放入锅中炒至焦黄。

2. 倒入备用的淡奶油和吉利丁，搅拌均匀。

3. 将步骤 2 中的焦糖用铁筛网过滤后即可。

12. 牛奶慕斯

配料：牛奶50克、细糖30克、酸奶150克、吉利丁5克（吉利丁片用冷水泡软备用）、淡奶油150克（淡奶油打发至五成发备用，五成发效果大致是表面出现鸡尾状）、8寸巧克力蛋糕底1个（厚度约3厘米）。

圆形模具5个

步骤

1. 牛奶加糖煮沸，放入吉利丁，搅拌均匀。

2. 加入酸奶和淡奶油，搅拌均匀。

3. 压模(详细压模方法见本章第3节“芒果慕斯”)。

4. 将慕斯馅灌入到模具中，八分满。

5. 盖上戚风蛋糕片，将做好的慕斯放入冰箱冷冻5小时以上，直到慕斯完全凝固即可脱模食用。

美味Tips

关于圆形小模具的脱模技巧：文中的牛奶慕斯我们用的是圆形小模具，所以脱模有一点难度。我们可以用热毛巾包住冷冻好的慕斯模再轻轻倒扣敲打，慢慢让其平稳脱模。

13. 紫薯慕斯

参考数量：6块。

配料：紫薯150克、牛奶180克、细糖60克、柠檬汁20克、食盐2克、吉利丁8克（吉利丁片用冷水泡软备用）、淡奶油130克（淡奶油打发至五成发备用）、8寸戚风蛋糕底1个（厚度约3厘米）。

圆形六孔硅胶模具1个。

步骤

1. 将紫薯去皮切成丁，放入锅中煮熟，去水，捣成泥。加入细糖和食盐，搅拌均匀备用。

2. 牛奶隔水加热到80℃，加入吉利丁化开，倒入紫薯泥中，搅拌均匀。

3. 加入柠檬汁搅拌均匀。

4. 将搅拌好的紫薯泥过滤。

5. 滤液中加入淡奶油搅拌均匀。

6. 压模。（详细压模方法见本章第3节"芒果慕斯"）。

7. 将紫薯慕斯倒入模具中，七分满。

8. 将戚风蛋糕片盖在上面，然后将做好的慕斯放入冰箱冷冻5小时以上，直到慕斯完全凝固即可脱模食用。

将加入牛奶后的紫薯泥过滤是为了去掉多余的杂质，让口感更加细腻。

14. 红茶慕斯

参考数量：8块。

配料：炼乳20克、细糖30克、牛奶100克、吉利丁5克（吉利丁片用冷水泡软备用）、红茶包2包、淡奶油150克（淡奶油打发至五成发备用）、8寸方形戚风蛋糕1片（厚度约3厘米）

8寸方形模具1个。

步骤

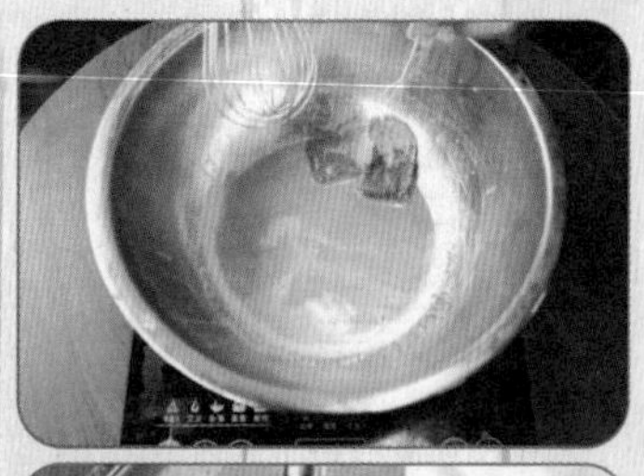

1. 将红茶包和炼乳加入到牛奶中，煮成奶茶的颜色，然后加入细糖并搅拌均匀。

2. 将吉利丁放入，搅拌溶化。再加入打发的淡奶油，搅拌均匀。

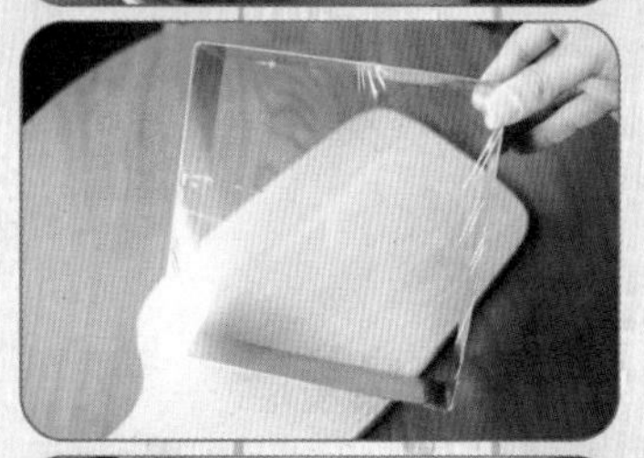

3. 准备一个8寸方形模具，底部用保鲜膜封住。

4. 将准备好的慕斯倒入模具中，七分满，并用橡皮刮刀将表面刮平。

5. 将准备好的戚风蛋糕片盖在红茶慕斯上，将做好的红茶慕斯放入冰箱冷冻5小时以上，直到慕斯完全凝固即可脱模食用。

美味Tips

红茶包在煮的时候切勿时间过长，以免味道变得很苦涩。

15. 提拉米苏

参考数量：8块。

配料：牛奶100克、提拉米苏预拌粉50克、咖啡酒5克、吉利丁6克（用水泡软备用）、淡奶油180克（淡奶油打发至五成发备用）、8寸巧克力戚风蛋糕片1片（厚度约3厘米）。

8寸圆形模具1个。

步骤

1. 将提拉米苏预拌粉倒入牛奶中隔水加热至溶化，然后加入吉利丁片搅拌至溶解。

2. 倒入咖啡酒，搅拌均匀。

3. 倒入打发的淡奶油，搅拌均匀即可。

4. 准备一个8寸圆形模具，在底部用保鲜膜封住。

5. 将提拉米苏倒入模具中并用橡皮刮刀将表面抹平。

6. 将准备好的巧克力戚风蛋糕片平铺在提拉米苏馅上，并用手轻轻按压直至平整。将做好的提拉米苏放入冰箱冷冻5小时以上，直到提拉米苏完全凝固即可脱模食用。

在家制作提拉米苏可以直接从专业超市购买预拌粉加牛奶隔水加热即可，方便快捷，成功率高！做好的提拉米苏可在表层撒上一层可可粉作装饰。

16. 黄桃慕斯

参考数量：8块。

配料：罐头黄桃160克、细糖40克、吉利丁6克（吉利丁片用冷水泡软备用）、酸奶100克、乳酪50克、淡奶油100克（淡奶油打发至五成发备用）、鲜奶油50克（鲜奶油打发至五成发备用）、8寸方形戚风蛋糕1片（厚度约3厘米）。

8寸方形模具1个。

步骤

1. 将细糖、吉利丁加入乳酪中隔水化开。

2. 将步骤1的混合物冷却至常温后加入酸奶和淡奶油搅拌均匀。

3. 将戚风蛋糕片放入模具底部。

4. 将慕斯倒入模具中，七分满，并用刮刀刮平。

5. 将黄桃切块放在慕斯上。

6. 用裱花袋将鲜奶油挤在黄桃的间隙。

7. 放入冰箱冷冻5小时以上，直到慕斯完全凝固即可脱模食用。

黄桃慕斯在进冰箱冷冻前可用火枪将表面烧至金黄，这样出品后造型更加美观。

17. 安哥拉

参考数量：8块。

配料：蛋黄30克、细糖20克、牛奶95克、白巧克力碎60克、黑巧克力碎30克、咖啡酒5克、吉利丁4克（吉利丁片用冷水泡软备用）、淡奶油150克（淡奶油打发至五成发备用）。

步骤

1. 将细糖加入蛋黄中搅拌均匀。再将牛奶煮沸，冲入到蛋黄液中。

2. 放入吉利丁化开，搅拌均匀。再放入白巧克力碎，隔水加热至溶化。

3. 等慕斯糊凉至常温后加入淡奶油，搅拌均匀，再倒入咖啡酒。

4. 待慕斯糊稍冷却后，加入黑巧克力碎，搅拌均匀。

5. 将戚风蛋糕片放在模具底部。将慕斯倒入模具中，九分满，并用刮刀刮平。

6. 放入冰箱冷冻5小时以上，直到慕斯完全凝固即可脱模食用。

文中黑巧克力碎加入前务必让慕斯糊稍微冷却，这样巧克力碎不会因为温度过高而熔化，影响口感和造型。

18. 黑森林慕斯

配料：打发好的巧克力奶油350克，巧克力碎70克，罐头黑樱桃200克，糖粉适量，8寸方形巧克力戚风蛋糕3片（厚度约3厘米）。

8寸方形模具1个。

步骤

1. 将巧克力蛋糕片铺在模具的底部。

2. 在蛋糕片上抹上一层巧克力奶油。

3. 再盖上一层巧克力蛋糕片。

4. 再抹上一层巧克力奶油。

5. 放上黑樱桃。

6. 将最后一片蛋糕一面抹上巧克力奶油，盖在黑樱桃上。

7. 将表面再抹上一层巧克力奶油，表面刮抹平整，放入冰箱冷冻5小时以上直到慕斯完全凝固，取出来，将表面撒上一层巧克力碎并用筛网筛上一些糖粉，即可食用。

文中使用到的巧克力奶油可以大型超市烘焙区或者网上直接购买后在家打发，也可以在家调配。

19. 抹茶慕斯

参考数量：8块。

配料：牛奶150克、蛋黄30克、细糖38克、吉利丁8克（冷水泡软备用）、开水50克、抹茶粉7克、淡奶油200克（淡奶油打发至五成发备用）、红豆150克、8寸方形巧克力戚风蛋糕1片（厚度约3厘米）。

8寸方形模具1个。

步骤

1. 将抹茶粉用热水冲开备用。

2. 蛋黄中加入细糖，搅拌均匀。再将牛奶煮沸，倒入蛋黄液中，搅拌均匀。

3. 加入吉利丁，化开。再加入冲开的抹茶粉搅拌均匀。

4. 加入淡奶油，搅拌均匀。

5. 准备一个8寸方形模具，在底部用保鲜膜封住，将蛋糕片放在底部。再将慕斯倒入模具中，九分满，撒上红豆。

6. 放入冰箱冷冻5小时以上直到慕斯完全凝固即可脱模食用。

可在成品表面撒上一层抹茶粉作装饰。如果天气比较冷，制作慕斯糊的过程一定要非常迅速，吉利丁片遇到冰的奶油会迅速凝结，导致慕斯糊不能充分融合。

20. 杨梅慕斯杯

参考数量：2杯。

配料：杨梅肉100克、牛奶25克、糖25克、吉利丁5克（冷水泡软备用）、君度酒10克、淡奶油100克（淡奶油打发至五成发备用）。

高脚杯1个。

步骤

1. 将糖、吉利丁放入牛奶中，隔水加热并搅拌使之溶解。

2. 将杨梅肉、君度酒和淡奶油加入牛奶液中，搅拌均匀。

3. 将慕斯倒入高脚杯中，九分满。

4. 在慕斯表面放上一颗杨梅，放入冰箱冷冻5小时以上直到慕斯完全凝固即可脱模食用。

杨梅肉可以购买新鲜杨梅放入盐水浸泡半小时后去核得到，也可以在超市购买杨梅肉代替。

21. 太妃苹果慕斯

配料：苹果250克、黄油50克、盐2克、肉桂粉5克、细糖60克（制作太妃苹果用）、8寸圆形巧克力戚风蛋糕1片（厚度约3厘米）、蛋黄40克、细糖50克、牛奶80克、酸奶50克、吉利丁10克、打发好的淡奶油250克。

8寸圆形模具1个。

步骤

1. 将苹果切块，放入黄油、盐、糖、肉桂粉翻炒至苹果微微缩小变软备用。

2. 将细糖、牛奶加入到蛋黄中，搅拌均匀。

3. 加入吉利丁，化开。再加入酸奶和淡奶油，搅拌均匀。

4. 准备一个8寸圆形模具，在底部用保鲜膜封住。将处理好的苹果肉平铺在模具底部。

5. 将准备好的慕斯倒入模具中，七分满。

6. 将巧克力戚风蛋糕片盖在慕斯馅上。放入冰箱冷冻5小时以上直到慕斯完全凝固即可脱模食用。

太妃苹果的制作：

苹果洗干净去皮切成丁放入锅中，先后加入黄油、盐、糖、肉桂粉，用中火不停翻炒避免煳锅。等到苹果丁微微缩小，呈现软化状即可出锅，然后用铁筛过滤多余杂质及水分。

22. 香蕉慕斯

配料：香蕉3根（其中两根打泥，一根装饰）、细糖20克、酸奶50克、淡奶油200克（淡奶油打发至五成发备用）、吉利丁5克（冷水泡软备用）、8寸方形戚风蛋糕片1片（厚度约3厘米）。

8寸方形模具1个。

步骤

1. 将两根香蕉打成泥，放入细糖、吉利丁，隔水加热，待吉利丁化开后，稍冷却。

2. 加入酸奶和淡奶油，搅拌均匀。

3. 准备一个8寸方形模具，在底部用保鲜膜封住，将蛋糕片放在底部。

4. 香蕉切片沿着模具边缘装饰。

5. 将准备好的慕斯倒入模具中用橡皮刮刀抹平。放入冰箱冷冻5小时以上直到慕斯完全凝固即可脱模食用。

香蕉和苹果的性质是一样的，破损后遇到空气就会氧化变黑，影响美观。所以我们可以加入适量柠檬汁，柠檬汁具有抗氧化作用，这样处理就不容易变色。

23. 三色杯慕斯

配料：酸奶100克、牛奶100克、吉利丁6克、柠檬汁5克、细糖30克、打发好的淡奶油180克、草莓酱50克、猕猴桃酱50克、鲜草莓1颗、提子半颗、猕猴桃1片。

玻璃杯1个。

步骤

1. 向牛奶中加入细糖煮沸后加入吉利丁。

2. 冷却后加入酸奶、淡奶油和柠檬汁，搅拌均匀分成三分。

3. 准备一个玻璃杯，将一份慕斯装入裱花袋中，挤入杯中至约 1/3 的高度，放入冰箱冷藏约 10 分钟。

4. 第二份慕斯中倒入猕猴桃酱调色，少量添加，直到调出自己喜欢的颜色即可。用裱花袋挤入冷藏好的慕斯杯中，加入至 1/2 的位置，冷藏 10 分钟。

5. 第三份慕斯中倒入草莓酱调色，少量添加，直到调出自己喜欢的颜色即可。用裱花袋挤入冷藏的慕斯杯中，加入至4/5的位置，冷藏10分钟。最后可以将新鲜草莓、猕猴桃片、提子放在冷藏好的慕斯杯中装饰即可取出脱模食用。

美味Tips

三色杯灌模技巧：

三色杯三层不同颜色慕斯馅灌模时一定要先后加入，第二层慕斯馅灌入时需要第一层慕斯表层凝固后才可进行灌模，避免颜色渗透，第三层也是如此。为了让慕斯表层快速凝固，可以放入冰箱冷藏10分钟。

第三章　乳酪类甜品

步骤

乳酪甜品制作第一步：消化饼干底

跟戚风蛋糕在慕斯类甜品中扮演的角色一样，饼干底是制作乳酪类甜点的第一步。但是相对于戚风蛋糕繁琐的步骤，饼干底的制作就简单太多了。

配料：消化饼干100克、黄油50克。

1. 将消化饼干装入保鲜袋中压成粉末状，倒入加热熔化后的黄油中，搅拌均匀。

2. 将黄油饼干混合物倒入圆形模具中，用勺子铺平压实。

3. 将做好的饼干底放入冰箱冷藏变硬就好（大致30分钟）。

美味Tips

如果因为制作乳酪等蛋糕甜品需要用到奥利奥饼干底，我们可以直接用奥利奥饼干代替消化饼干，步骤程序可以完全复制消化饼干底的制作方法。

饼干底具体的尺寸根据要做的乳酪的尺寸大小而定，按照饼干与黄油2∶1的比例增加或者减少配料就好。

1. 蓝莓乳酪

配料：乳酪200克、打发好的淡奶油150克、吉利丁5克、蓝莓酱180克、细糖40克、君度酒10克、消化饼干底1份。

6寸的模具1个。

步骤

1. 将细糖加入乳酪中，隔水加热，搅拌至细糖无颗粒。

2. 加入吉利丁、蓝莓酱、君度酒、淡奶油，搅拌均匀。

3. 将消化饼干底铺满模具底部。

4. 倒入准备好的乳酪至九分满，冷冻5小时以上直到乳酪完全凝固即可脱模食用。

美味Tips

配料中的君度酒可用白葡萄酒或者白兰地代替，量可根据自己口味儿适当增减。

乳酪类甜品冷藏时间需要长一点，一般过夜后口感更佳，在吃之前拿出冰箱，在自然室温下解冻10分钟。

2. 抹茶乳酪

配料：乳酪250克、牛奶100克、酸奶180克、打发好的淡奶油150克、吉利丁10克、细糖80克、抹茶粉10克、开水30克、消化饼干底一份。

6寸的模具1个。

步骤

1. 将开水冲入抹茶粉中，搅拌均匀备用。

2. 将细糖加入乳酪中，隔水加热，搅拌至细糖无颗粒。

3. 依次加入吉利丁、抹茶水、牛奶、酸奶、淡奶油，搅拌均匀。

4. 将消化饼干底铺满模具底部。

5. 倒入乳酪馅至九分满。

6. 冷冻5小时以上直到乳酪完全凝固即可脱模食用。

抹茶粉的量要看个人喜好。笔者不喜欢太甜的东西，所以糖在原配方用量的基础上减少了很多，并且酸奶原本就有甜度。如果品尝乳酪馅觉得做甜了可以适量加一些柠檬汁。

3. 意大利乳酪

配料：乳酪150克、酸奶100克、香草精5克、打发好的淡奶油140克、吉利丁7克、细糖40克、白兰地15克、奇异果1个、消化饼干底1份、秘制核桃仁若干（装饰用）。

6寸的模具1个。

步骤

1. 将细糖加入乳酪中，隔水加热，搅拌至细糖无颗粒。

2. 加入吉利丁、白兰地、香草精（可不放）、酸奶、淡奶油，搅拌均匀。

3. 将消化饼干底铺满模具底部，奇异果切片贴在模具侧面。

4. 倒入乳酪至九分满。

5. 冷冻5小时以上直到乳酪完全凝固即可取出(冷冻过夜效果会更好)。依个人爱好，可在乳酪表面装饰秘制核桃仁。

美味Tips

秘制核桃仁的制作：

这款意大利乳酪上的核桃仁是特制的，用100克的核桃仁、200克水、80克细糖、30克麦芽糖放在一起煮开，熬制成黏稠状，然后用铁筛过滤去掉多余糖浆后放入烤箱，150℃，15分钟左右即可。烤出的核桃仁颜色金黄透明，所以又称琥珀核桃。

4. 第五大道

配料：乳酪180克、打发好的淡奶油150克、黑芝麻30克（烤熟，磨碎）、吉利丁6克、百利甜酒15克、酸奶80克、细糖35克、消化饼干底1份。

6寸的模具1个。

步骤

1. 将细糖加入乳酪中，隔水加热，搅拌至细糖无颗粒。

2. 加入吉利丁、酸奶、黑芝麻、淡奶油、百利甜酒，搅拌均匀。

3. 将消化饼干底铺满模具底部。

4. 倒入乳酪至九分满。冷冻5小时以上直到乳酪完全凝固即可脱模食用。

美味Tips

黑芝麻用水洗干净后放入烤箱，上下火，150℃，烤15分钟左右取出冷却，再用擀面杖把黑芝麻压破，使香味更加浓郁。

5. 原味提拉米苏

配料：提拉米苏预拌粉50克、牛奶60克、乳酪150克、咖啡酒5克、打发好的淡奶油180克、消化饼干底1份。

6寸的模具1个。

步骤

1. 将提拉米苏预拌粉加入牛奶中，隔水加热，搅拌均匀呈无颗粒状。

2. 加入乳酪搅拌均匀呈无颗粒状。

3. 待稍冷却后，加入咖啡酒、淡奶油，搅拌均匀。

4. 将消化饼干底铺满模具底部。

5. 倒入乳酪馅至九分满。冷冻5小时以上直到乳酪完全凝固即可取出脱模食用(在成品表面，也可以撒一层可可粉进行装饰)。

美味Tips

步骤1、2中先后加入了提拉米苏预拌粉以及乳酪，这两个环节我们一定要充分搅拌，使其呈现无颗粒状态，否则成型后的乳酪内部会有大量结块，影响口感。

6. 红豆乳酪

配料：乳酪80克、牛奶30克、细糖50克、吉利丁7克、酸奶30克、红豆100克、朗姆酒10克、打发好的淡奶油200克、消化饼干底1份。

6寸的模具1个。

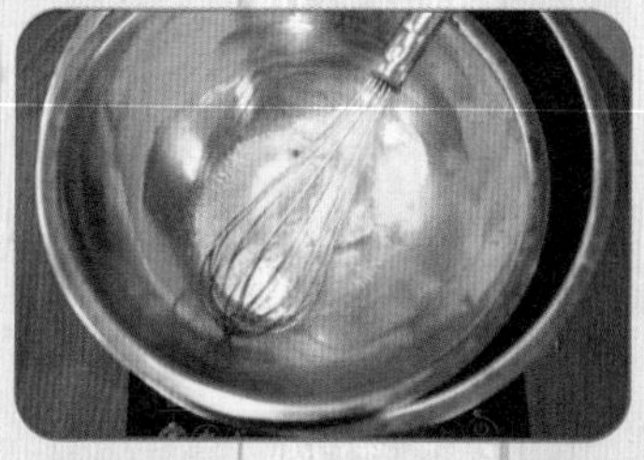

1. 将细糖加入乳酪中，隔水加热，搅拌至细糖无颗粒。

2. 加入吉利丁、酸奶、朗姆酒、淡奶油、红豆，搅拌均匀。

3. 将消化饼干底铺满模具底部。

4. 倒入乳酪馅至九分满。冷冻5小时以上直到乳酪完全凝固即可取出脱模食用。

乳酪中红豆的制作：

煮熟的红豆100克、细糖30克、玉米粉2克、纯净水200克。

（1）将玉米粉、细糖倒入纯净水中搅拌烧开呈透明状。

（2）将煮熟的红豆滤水后加入步骤1的材料中搅拌，继续煮1分钟即可。

这里用到的秘制红豆也可以直接购买成品。

7. 鲜草莓乳酪

配料：草莓10个、乳酪240克、椰汁20克、盐2克、细糖30克、吉利丁8克、柠檬汁2克、打发好的淡奶油100克、消化饼干底1份。

6寸的模具1个。

步骤

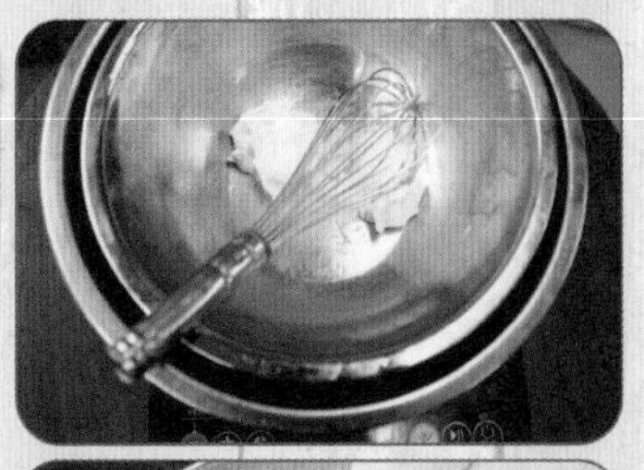

1. 将细糖加入乳酪中，隔水加热，搅拌至细糖无颗粒。

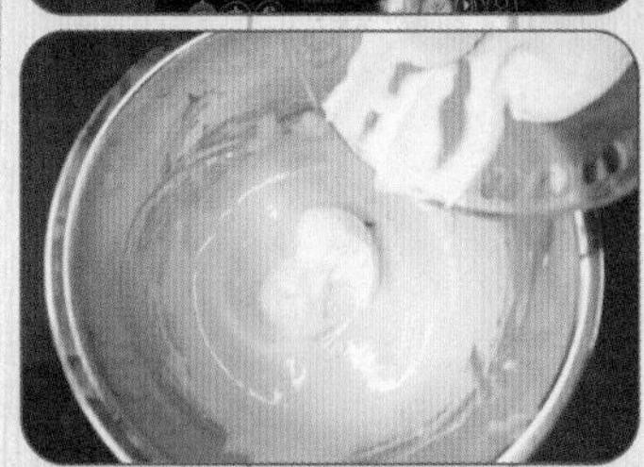

2. 加入吉利丁、椰汁、柠檬汁、淡奶油，搅拌均匀。

3. 将消化饼干底铺满模具底部；鲜草莓切片贴在模具边缘。

4. 倒入乳酪至九分满。

5. 将鲜草莓丁放在乳酪上。冷冻5小时以上直到乳酪完全凝固即可脱模食用。

美味Tips

新鲜草莓洗干净后切成两种大小，大颗粒的草莓用于乳酪底部周围，小颗粒的草莓最后装饰在乳酪表层。

8. 奥利奥乳酪

配料：乳酪250克、打发好的淡奶油125克、炼乳100克、吉利丁6克、柠檬汁5克、黄油6克（做饼底时用）、奥利奥饼干120克。

6寸的模具1个。

步骤

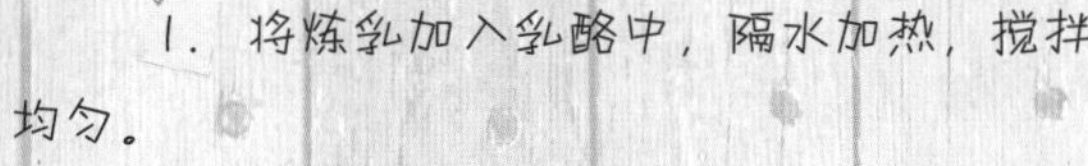

1. 将炼乳加入乳酪中，隔水加热，搅拌均匀。

2. 加入吉利丁、柠檬汁、淡奶油，搅拌均匀。

3. 将奥利奥饼干底铺满模具底部（见本节“美味Tips”）。

4. 倒入乳酪馅至九分满。

5. 将奥利奥饼干碎铺在乳酪馅上，再送入冰箱冷冻5小时以上，直到乳酪完全凝固即可脱模食用。

美味Tips

这款乳酪中的饼干底是用奥利奥饼干压碎结合黄油搅拌而成。奥利奥饼干能丰富乳酪口感，黄油起的作用是凝固和增加香味，二者的结合让这款乳酪风情无限。

9. 芒果乳酪

配料：乳酪230克、芒果果泥80克、柠檬汁5克、细糖50克、朗姆酒5克、吉利丁8克、打发好的淡奶油180克、新鲜芒果粒若干（装饰用）、消化饼干底1份。

6寸的模具1个。

步骤

1. 将细糖加入乳酪中，隔水加热，搅拌至细糖无颗粒。

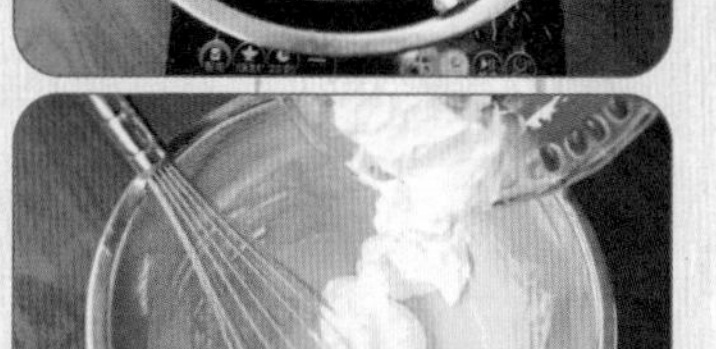

2. 加入吉利丁、芒果泥、柠檬汁、朗姆酒、淡奶油，搅拌均匀。

3. 将消化饼干底铺满模具底部。

4. 倒入准备好的乳酪馅至九分满。

5. 在乳酪馅上加一些新鲜芒果粒做装饰，再送入冰箱冷冻5小时以上，直到乳酪完全凝固即可脱模食用。

美味Tips

芒果品质极佳，营养价值很高，含有丰富的维生素A、C及各种矿物质。夏季食用可以生津解渴，治疗胃热、中暑等症。

10. 栗子乳酪

配料：乳酪150克、栗子泥150克、吉利丁6克、柠檬汁5克、细糖35克、打发好的淡奶油180克、消化饼干底1份。

6寸的模具1个。

步骤

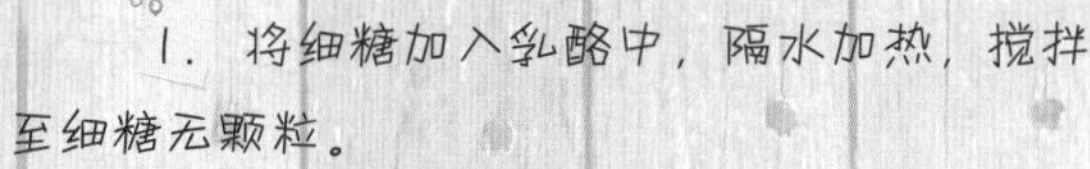

1. 将细糖加入乳酪中，隔水加热，搅拌至细糖无颗粒。

2. 加入吉利丁、栗子泥、柠檬汁、淡奶油，搅拌均匀。

3. 将消化饼干底铺满模具底部。

4. 倒入乳酪馅至九分满。

5. 冷冻5小时以上直到乳酪完全凝固即可取出脱模食用（也可用适量栗子泥对成品表面进行装饰）。

美味Tips

栗子泥的制作：超市购买处理好的袋装栗子仁洗干净，取出100克煮熟后加入50克细糖、100克纯净水混合放入料理机中打成泥。使用前用筛网过滤去除多余杂质。

11. 榴莲乳酪

配料：乳酪150克、榴莲肉250克、吉利丁8克、细糖30克、牛奶100克、打发好的淡奶油100克、消化饼干底1份。

6寸的模具1个。

步骤

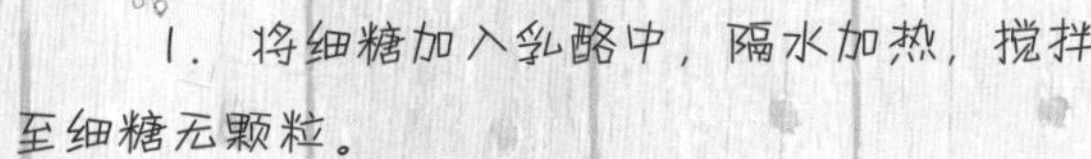

1. 将细糖加入乳酪中，隔水加热，搅拌至细糖无颗粒。

2. 加入榴莲肉、吉利丁、牛奶，搅拌均匀。

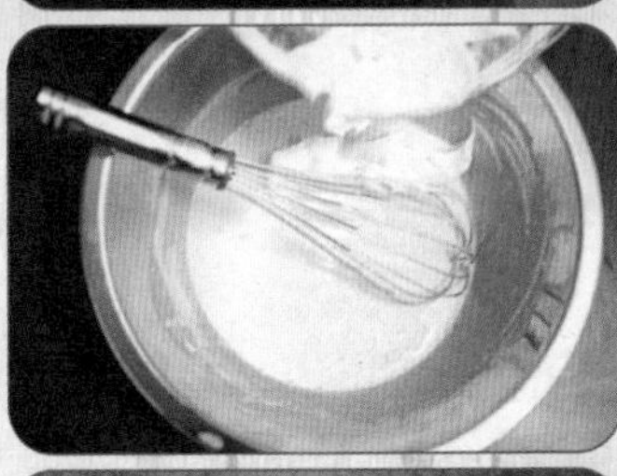

3. 加入淡奶油，搅拌均匀。

4. 将消化饼干底铺满模具底部。

5. 倒入乳酪馅至九分满，送入冰箱冷冻5小时以上直到乳酪完全凝固即可取出脱模食用。

美味Tips

榴莲的处理：挑选成熟的榴莲肉放入碗中用勺子搅拌成泥状（榴莲肉尽量选择成熟的，以便于成泥，味道也更加浓郁），还可以添加少量白兰地增加风味。

第四章 其他可用冰箱制作的甜品

1. 原味布丁

配料：水 200 克、牛奶 400 克、布丁粉（含糖）80 克。

步骤

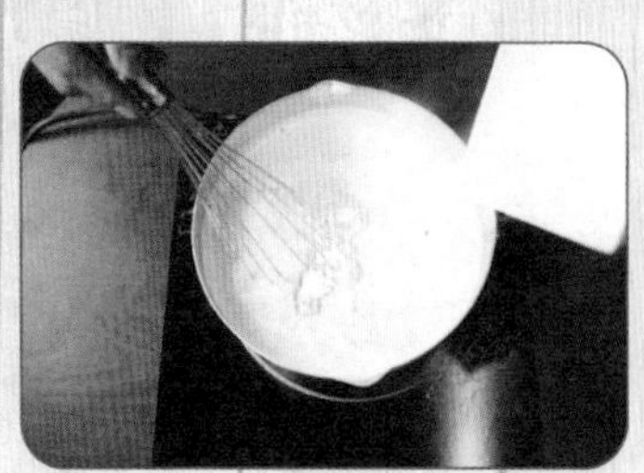

1. 水、牛奶混合后煮沸，煮的过程中要不断地搅拌，停火后加入布丁粉，搅拌均匀。

2. 装入杯中，九分满即可。整杯放入冰箱冷藏至凝固。

3. 原味布丁在食用时可以加入焦糖，口感会更好！

焦糖的熬制：

细糖 100 克、水 50 克。

◆ 步骤：

1. 将细糖放入锅中炒至糖完全熔化、呈金黄色。

2. 加入水，煮沸。

3. 将焦糖水装入干净玻璃瓶中，冷却后密封保存。

2. 草莓布丁

配料：水200克、牛奶400克、布丁粉（含糖）80克、草莓酱适量。

步骤

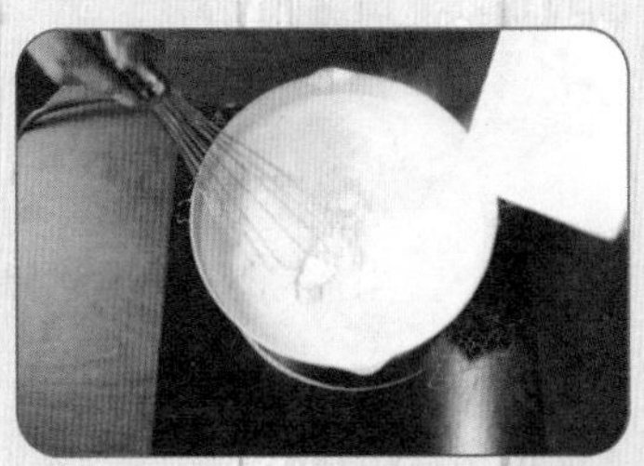

1. 水、牛奶混合后煮沸，煮的过程中要不断地搅拌，停火后加入布丁粉，搅拌均匀。

2. 装入杯中，九分满，放入冰箱冷藏至凝固即可。

3. 可根据自己口味在布丁上加入草莓酱或者新鲜草莓丁。

随个人喜好，也可以做不以牛奶为主料的草莓布丁。在关火后搅拌 1 ～2 分钟既可以加速布丁液冷却又可以搅拌均匀提高布丁液的黏稠度。

3. 草莓优格

参考数量：3人份。

配料：酸奶150克、纯净水150克、细糖50克、吉利丁8克、草莓果酱100克、淡奶油300克、红酒5克。

步骤

1. 将纯净水、细糖倒入锅中加热煮沸。

2. 加入吉利丁、红酒，至吉利丁溶化。

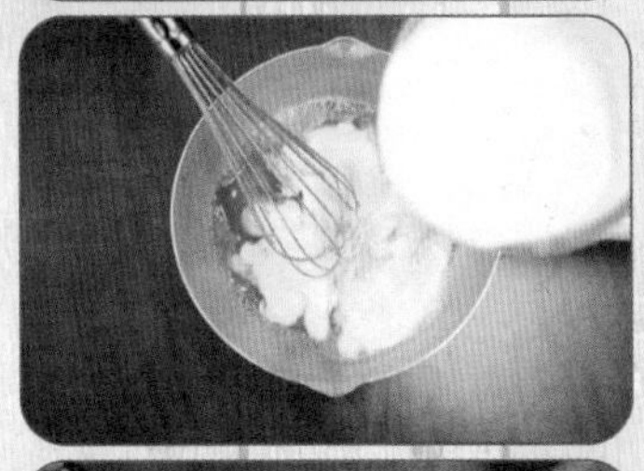

3. 将打发至五成发的淡奶油、酸奶放入，搅拌均匀。

4. 放入草莓果酱。

5. 将搅拌好的优格倒入杯中，可以添加一些水果装饰，放入冰箱冷藏口感更佳。

美味Tips

红酒一般选择干红，口感比较醇厚；酸奶一定要浓稠的。如果担心不够甜，可适量加入少许蜂蜜。

4. 原味奶昔杯

参考数量：3杯。

配料：酸奶500克、吉利丁20克、细糖80克、牛奶250克。

步骤

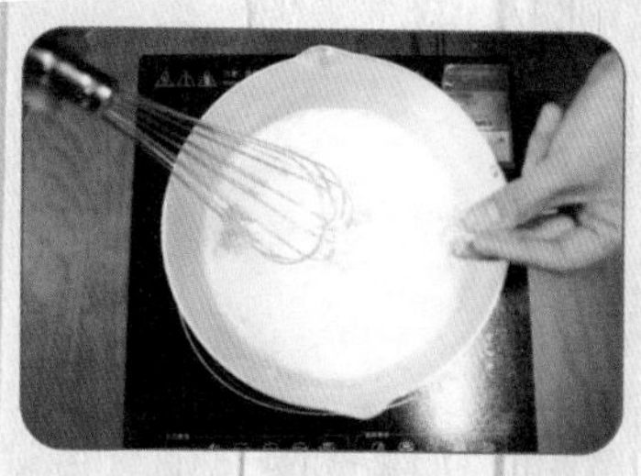

1. 将牛奶、细糖放入锅中搅拌均匀，烧热后加入吉利丁。

2. 将酸奶加入，搅拌均匀。

3. 装杯冷藏1小时即可。

配料中放入酸奶会使奶昔的口感更为浓稠清爽。不喜欢酸奶的人可换成牛奶。

5. 手工酸奶

参考数量：4人份。

配料：牛奶1000克、细糖70克、手工发酵剂1克（可网购1克包装）、新鲜柠檬汁12克。

步骤

1. 牛奶中加入细糖后加热至50℃（可用温度计测量）。

2. 加入发酵剂并不停搅拌至均匀。

3. 加入柠檬汁搅拌均匀后装杯，然后放入装有50℃热水的电饭锅中发酵3～4小时，取出放入冰箱冷却即可。

手工酸奶发酵剂的保存方式一般为冰箱密封冷藏，而冷藏后的发酵剂益生菌活性往往不高，会影响酸奶的发酵效果。我们在制做前可以拿出发酵剂在常温室内放置一会儿，激活益生菌活性。

6. 水晶果冻

参考分量：4杯。

配料：纯净水600克、砂糖75克、果冻粉12克、玉米粉5克、装饰水果（蓝莓、黄桃、猕猴桃等均可，也可以根据自己喜好添加）。

步骤

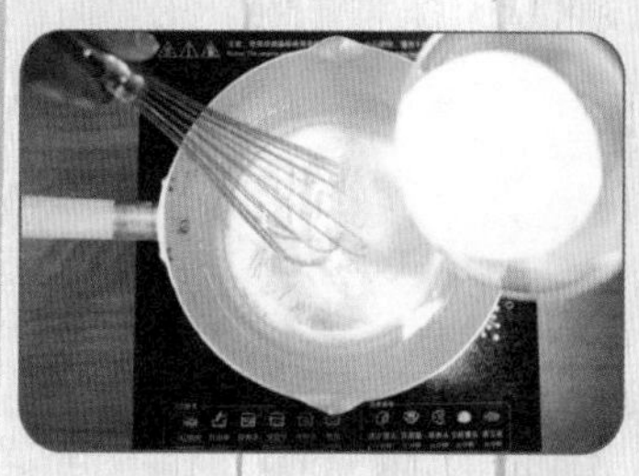

1. 将砂糖、果冻粉、玉米粉拌匀后倒入纯净水中加热煮沸至透明状态即可（加热过程中需要持续搅拌）。

2. 将水果处理成喜欢的造型放入空杯中。

3. 将步骤1的材料倒入杯中，放入冰箱冷藏室凝固即可。

果冻装杯后只能冷藏凝固，如果冷冻会因结冰而影响口感。

7. 椰奶冻糕

参考数量：4人份。

配料：牛奶200克、椰浆80克、淡奶油130克、细糖60克、吉利丁12克、椰蓉适量。

步骤

1. 将牛奶、椰浆、淡奶油、细糖加入锅中煮沸。

2. 加入吉利丁搅拌均匀。

3. 倒入保鲜盒中，冷冻1小时左右取出，切成小方块蘸上椰蓉即可。

市场上买回来的吉利丁是透明片状，使用前应该一片一片交叉放置于冰水中浸泡呈软状。浸泡时间不宜过长，否则吉利丁会溶化。